第9問

とくに都市で大雨によって
浸水被害が起こる原因は、川の氾濫とあとは何？

① プールや公園の池があふれ出す

② 地下水がしみ出す

③ 下水道管内の水があふれ出す

第10問

台所で食器を洗うとき、
とくに注意して流さないように
しなければならないものは何？

① 油　② しょうゆ　③ 牛乳

第8問

大雨によって被害が
およぶ場所を予測して危険を
知らせる地図をなんていう？

① ハザードマップ

② 大雨洪水注意報

③ 台風警報

第7問

下水処理をするときに出る汚泥は、
そのあとどうする？

① 焼いて灰などにする　② 川や海に流す　③ そのまま置いておく

第6問

下水処理施設で
水をきれいにするのに
役立つ生き物は何？

① 魚　② ミミズ　③ 微生物

第5問

マンホールのふたは、
丸いものが多いよ。
どうしてかな？

① 開けるときに開けやすいから

② 丸いとあなの中に落ちにくいから

③ 転がして運ぶことができるから

答えは47ページを見てね！

2

水のひみつ大研究

使った水のゆくえを追え！

監修 西嶋 渉

水谷清太（みずたにせいた）

小学4年生。好奇心旺盛な男の子。趣味はペットのメダカの世話とダムめぐり。

リュウ

竜神の化身。清太とモアナに、水のことをいろいろと教えてくれる。好物はゼリー。

七海モアナ（ななみモアナ）

小学4年生。ハワイ生まれの元気いっぱいな女の子。趣味はおしゃれと海釣り。

水のひみつ大研究 **2**
使った水のゆくえを追え！

この本の特色と使い方

● 『水のひみつ大研究』は、水についてさまざまな角度から知ることができるよう、テーマ別に5巻に分けてわかりやすく説明しています。

● それぞれのページには、本文やイラスト、写真を用いた解説とコラムがあり、楽しく学べるようになっています。

● 本文中で（➡○ページ）、（➡○巻）とあるところは、そのページに関連する内容がのっています。

● グラフには出典を示していますが、出典によって数値が異なったり、数値の四捨五入などによって割合の合計が100%にならなかったりする場合があります。

● この本の情報は、2023年2月現在のものです。

はたらく人に聞いてみよう

実際にはたらく人のお話をしょうかいしています。

もっと知りたい!

本文に関係する内容をほり下げて説明したり事例をしょうかいしたりしています。

調べてみよう

自分で体験・チャレンジできる内容をしょうかいしています。

○○時代にタイムスリップ

国内外の過去にさかのぼって、歴史を知ることができます。

使った水はどこへ行くの？

毎日の調理や食器洗い、手洗いやふろ、洗たく、
トイレの洗浄などに使った水は、排水管に流れます。
この水はどこへ行き、どうなるのでしょうか。
この巻では、よごれた水がきれいになって
自然にもどされるしくみを学びます。

ふろやトイレで使った水は、
どこを通って
どうなるのかな？
➡10〜15、18〜20ページ

マンホールは
なんのためにあるのかな？
➡15〜17ページ

下水はどの地域でも
同じような方法で
きれいにしているのかな？
➡30〜31ページ

下水道と災害は
何か関係があるのかな？
➡32〜37ページ

下水処理場は
何をするところかな？
➡18〜20ページ

地下には下水道管が
たくさん通っているんだって。
どうなっているのかな？
➡12〜14ページ

川岸のかべにあるあなから
水が流れ出ているのを
見たことがあるよ。
この水はどんな水かな？
➡11、19ページ

1 使うとよごれる水

調理をしたり、顔や手を洗ったり、水道水は使うとよごれます。
よごれた水には、どのようなものがあるのでしょうか。

それぞれの家庭からよごれた水が毎日出る

わたしたちが水道の水を使うと、必ずよごれた水（汚水）が出ます。たとえば、台所で調理をすると、米をといだり食材を洗ったりするときに、材料のよごれや残りかすがふくまれた水が出ます。食事のあとに食器を洗うときには、食べ物によるよごれと洗剤がまじった水が出ます。一方、ふろや洗面所でからだや顔を洗うと、汗や皮脂などのよごれと、石けんやシャンプーがまじった水が出ます。また、水洗トイレを使うと、し尿（尿や大便、またそれらがまじった水）が出ます。

わたしたちが生活するなかで出るこれらのよごれた水を「生活排水」といいます。生活排水は、各家庭の排水口から毎日流されています。

水道水を使った分だけ よごれた水が出る

わたしたちが使う水道水は、一部は飲料水として使われますが、大部分が生活排水として流されます。つまり、水道の水を出した分だけ、生活排水が出るということになります。

東京都水道局の調べ（2019年度）では、家庭でひとりが1日に使う水の量は、平均214L程度です（➡1巻）。それに近い量の生活排水を、ひとりが1日に出していることになります。

ひとりが1日に出す
生活排水の量は、
だいたい、一般的な浴そうの
1ぱい分だね

毎日ひとりが
ふろ1ぱい分ぐらいの
生活排水を出す！

自分が毎日
よごれた水を
出しているなんて
考えたことなかったよ

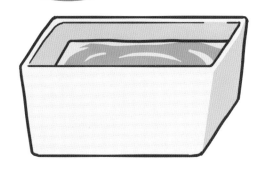

家庭から出る生活排水のよごれ

生活排水のうち、し尿をのぞいたものを「生活雑排水」といいます。生活雑排水のよごれがよごれ全体の約7割をしめ、残りの約3割がし尿となっています。

出典：環境省「生活排水読本」より

台所から出る
生活排水が
いちばん多いんだね

生活雑排水
約70%

し尿
約30%

台所
約40%

洗たく、その他
約10%

ふろ
約20%

ひとり1日あたりの
生活排水BOD※
の割合（%）

人間は1日にひとりあたり約1Lの尿や大便をするといわれている。水洗トイレでは、「大」のレバーを使うと6〜8L、「小」のレバーを使うと4〜6Lの水が流れ、この水に尿や大便がまじった排水が出る。

調理のときに食材を洗ったり、食事のあとに食器をすすいだりすることで、食べ物によるよごれや洗剤がまじった排水が出る。

※「BOD」は水のよごれの度合いを知る方法で、水中の微生物がよごれを分解するときに使う酸素の量を数値であらわしたもの（➡9ページ）。

洗たく機で1回の洗たくをすると100〜150Lの水が使われ、洗たく物のよごれと洗剤がまじった排水が出る。

一般的な浴そうにお湯をためると約250Lになり、それを流すと排水になる。また、シャワーでからだや髪を洗うと、からだや髪のよごれと石けんやシャンプーなどがまじった排水が出る。

1 使うとよごれる水

そもそも「よごれ」って何？

わたしたちが水を使うことで出る「よごれ」の正体は、有機物や窒素、リンといったものです。

有機物とは、炭素をふくむ化合物です。有機物や窒素、リンは、食べ残し、し尿、からだなどについていたよごれ、また、石けんや洗剤、シャンプーにふくまれていて、生活排水として流され、水をよごす原因となっています。

植物を育てるときに使う肥料には窒素やリンが入っていたよ。窒素やリンって生き物にとって悪いものなの？

植物の成長のために必要なものだけれど多すぎるとよくないんだ

生活排水のよごれが水中の生き物に影響をおよぼす

有機物や窒素、リンをふくむ排水は、川や海に流されると水中の生き物に影響をおよぼします。たとえば、微生物が有機物を分解するときに酸素を必要とするため、排水によって水中の有機物が増えると、魚などの生き物が生きていくために必要な酸素が減ります。

窒素やリンはもともと水中にとけていて、植物プランクトン（水中の小さな藻類）の栄養となっています。しかし、排水によってたくさんの窒素やリンが川や海に流されると、栄養が自然の状態よりも増えすぎる「富栄養化」が起こり、植物プランクトンを大量発生させます。それによって、海面が赤くなる「赤潮」や、池などの水面が青くなる「アオコ」が発生します。増えすぎた植物プランクトンの死がいは悪臭を放ち、また、魚のえらなどにつまって魚をちっ息させることもあります。

赤潮が発生した海。大量発生した植物プランクトンによって海面が赤くなる。

アオコが発生した池。緑色の色素をもった植物プランクトンの仲間が大量発生し、池などの水面が緑色になる。

水のよごれのめやす「BOD」

「BOD」は、水中の酸素の減り方によって、水のよごれの度合いを調べる方法です。「BOD」について見てみましょう。

水がよごれているほど酸素が減る

　有機物からできているよごれは、微生物（目に見えない小さな生き物）によって、水や二酸化炭素などに分解されます。微生物は、有機物を分解するときに水中の酸素を使います。そのため、水が有機物でよごれているほど微生物が多くの酸素を使い、水中の酸素の量が少なくなります。

　この酸素の減り方によって水のよごれの度合いを知る方法を「BOD（生物化学的酸素要求量）」といいます。BODは、5日間で水中の酸素の量がどのくらい減るかを数字で表します。

きれいな水では

水中の酸素があまり使われないため、BODの数値が低くなる。

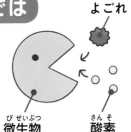

微生物　酸素　よごれ

よごれた水では

水中の酸素がたくさん使われるため、BODの数値が高くなる。

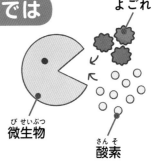

微生物　酸素　よごれ

身近な水辺のBOD

　環境省の「水環境総合情報サイト」で公共用水域（川や湖、沿岸など）のBODを調べることができます。身近な水辺のBODを調べてみましょう。

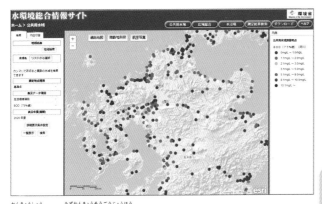

環境省HP「水環境総合情報サイト」より

BODの調べ方

1. インターネットで、環境省「水環境総合情報サイト」にアクセスする。

2. ページ左側「公開情報」の「水質調査データの公開」の項目のなかから、「公共用水域水質測定データ」を選んでクリックする。

3. 「地域名称」に調べたい都道府県名や市町村名を入れて検索する。「＋」「−」で表示する範囲を拡大・縮小してみよう。

※「測定地点種別」は「基準点」、「表示データ項目」は「生活環境項目」「BOD（75%）値」、「表示年度（期間）」は調べたい年度や期間に設定。

BODの値が1Lあたり2mg（緑色）以下なら、イワナやヤマメがすめるほど、水がきれいといえるよ

2 使った水のゆくえ

使ってよごれた水は、どこへ行きどうなるのでしょうか。
生活排水のゆくえを追ってみましょう。

下水道管を通って下水処理場に送られる

家庭から出た生活排水は、それぞれの家庭のしき地内にある「ます（➡12ページ）」という設備を通って、下水道管に流れます。下水道管はまちの地下にはりめぐらされていて、下水処理場（水再生センター）までつづいています。

下水処理場は、微生物を使ってよごれを分解したり消毒をしたりして、水をきれいにする施設です。下水道管を通って下水処理場まで送られた水は、これらの処理をしたあと、川や海に流されます。

生活排水のゆくえ

わたしたちが使った水や雨水は、地下にうめられた下水道管へと流れ、下水処理場に送られたのち、川や海に流されます。

まち

毎日の生活のなかで、さまざまな場所から生活排水が出る。生活排水は、地下にうめられた「ます（➡12〜13ページ）」に集まり、下水道管に流れる（➡12〜14ページ）。

家庭から出る生活排水以外にも田畑や工場から出る「排水」の一部も下水道管を通って下水処理場に送られるよ

雨水も下水道管を通して下水処理場に送られる

　汚水と雨水をあわせて「下水」といい、下水を集めて処理し、川や海に排出する施設全体を「下水道」といいます。都市化したまちでは、地面がコンクリートやアスファルトでおおわれて雨が地面にしみこみにくいため、下水道管が雨水を流す役割をになっています（➡34ページ）。このように、生活排水と雨水をいっしょに下水道管（合流管）で集め、下水処理場に送っている下水道は「合流式下水道」とよばれます。また、生活排水を下水道管（汚水管）で集め、雨水を雨水管で別に集める下水道は「分流式下水道」とよばれます（➡14ページ）。「分流式下水道」では、雨水管で集められた雨水は、そのまま川や海に流されます。

下水道管につながる側溝。ふたにあながあいていて、水が流れこむようになっている。

> 道路はまん中より両わきが低くなっていて自然に水が流れるようになっているよ！

> 使った水をきれいにして自然にもどすんだね！

下水処理場
下水処理場では、微生物を使ったり、薬品で消毒をしたりして、よごれた水をきれいにする（➡18〜20ページ）。

川や海
下水処理場できれいになった水は、川や海へ放流される。

下水を集めるしくみ

地下にある
ますや下水道管って
どんな設備なのかな?

使った水は「ます」から下水道管へ

それぞれの家庭から出た排水が下水道管に流れるまでを見てみましょう。まず、台所やふろ、トイレなどで出た排水は、家の中にある排水口から地下につながる排水管に流れ、しき地内にある汚水ますに集まります。汚水ますは地域にある「公共汚水ます」につながっていて、それ

ぞれの家庭の排水がここに集まります。そして、公共汚水ますに集まった排水は、下水道管へと流れこみます。

一方、雨水は、家の雨どいや道路わきの側溝を通って「雨水ます」に集まり、そこから下水道管へと流れこみます。

下水が下水道管に流れるまで

下水は排水管やますを通って集められ、
下水道管に送られます。

ここでは
生活排水と雨水を
同じ下水道管で流す
「合流式」のしくみ
を見てみよう

排水管
それぞれの家庭から出た生活排水が流れる。

汚水ます
それぞれの家庭のしき地内にある。排水管を通って流れてきた生活排水が集まる。

だんだん太くなっていく下水道管

下水道管には、下水がどんどん流れこみ、その量は下水処理場に近くなるほど多くなります。そのため、下水道管は各家庭から下水処理場に向かうにしたがってだんだん太くなっています。それぞれの汚水ますをつなぐ排水管は、直径10cmほどですが、下水処理場の近くの下水道管では直径10mほどになります。また、下水道管は、下水が自然に流れていくように、少しずつ地下深くへと下がっていくようにつくられています。この下水管の中を、下水が人の歩くくらいの速さで流れていきます。

地下にはいろいろな下水設備があるんだね！

毎日まち中から出る排水がたえず下水道管の中を流れているよ！

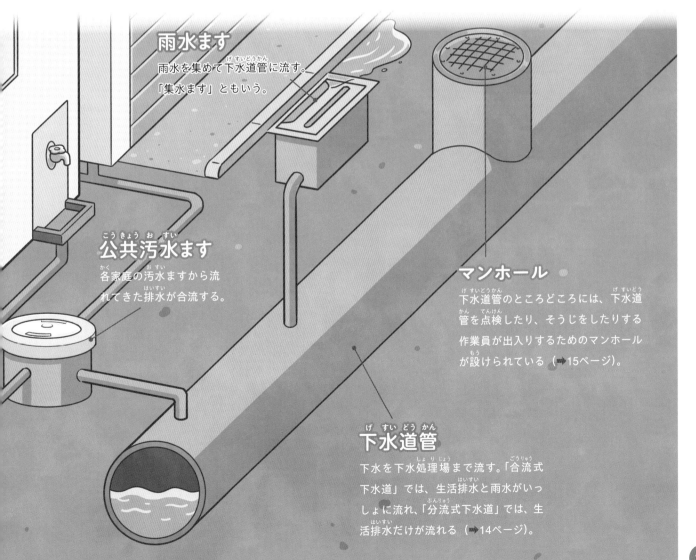

雨水ます
雨水を集めて下水道管に流す。「集水ます」ともいう。

公共汚水ます
各家庭の汚水ますから流れてきた排水が合流する。

マンホール
下水道管のところどころには、下水道管を点検したり、そうじをしたりする作業員が出入りするためのマンホールが設けられている（➡15ページ）。

下水道管
下水を下水処理場まで流す。「合流式下水道」では、生活排水と雨水がいっしょに流れ、「分流式下水道」では、生活排水だけが流れる（➡14ページ）。

2 使った水のゆくえ

合流式下水道と分流式下水道

下水道は、生活排水などの汚水と雨水の流し方によって大きく2種類に分けられます。ひとつは、合流管で汚水と雨水をいっしょに下水処理場に流す「合流式下水道」です。もうひとつは、汚水は汚水管で下水処理場に流し、雨水は雨水管でそのまま川や海に流す「分流式下水道」です。

合流式下水道は、下水道管が1本ですむので、分流式下水道よりも短期間で安くつくることができますが、大雨が降ったとき、汚水と雨水がまざった下水が一定量をこえると、そのまま川や海に流れ出すおそれがあります。その点、分流式下水道は、下水道管を2本設置するため、費用はかかりますが、大雨が降っても汚水は流れ出さず、水質汚染の心配はありません。

古くから下水道の整備を始めた東京では、設置しやすい合流式が採用されましたが、1970（昭和45）年に下水道法が改正されたことで、それ以降の下水道は川や海をよごさない分流式が採用されるようになりました。現在、全国の下水道のうち、80%以上が分流式下水道です。

合流式下水道

汚水と雨水をひとつの下水道管で流します。

よい点	●費用がおさえられる。
	●せまい道路の下でも通しやすい。
問題点	●大雨が降り汚水と雨水がまざった下水が一定量をこえると、川や海に流れ出し、水質汚染の原因となる。

合流管

分流式下水道

汚水は汚水管、雨水は雨水管で流します。

よい点	●大雨が降っても、汚水が川や海に流れ出す心配がない。
	●下水処理場は、汚水のみを処理するので、容量が小さくてすむ。
問題点	●汚水管と雨水管を設置するため費用がかかる。
	●せまく管がこみいった地中には通しにくい。

汚水管　雨水管

マンホールの役割

まちの道路には、丸い鉄のふたが設けられている場所があります。この丸いふたの下には、マンホールという空間が広がっています。マンホールは、下水道管の中のようすを調べたり、そうじをしたりする人が出入りするためのものです。

マンホールのふたの多くは丸いかたちをしています。四角形のふたは、角度によってはあなの中に落ちてしまうことがありますが、丸いふたなら、どんな角度にしても落ちないからです。また、ふたの上を通る人や車がすべらないように、ふたの表面はでこぼこしています。

マンホールは
「人」を表す英語「マン」と
「あな」を表す英語「ホール」
ということばを合わせて
つくられたことばだよ！

マンホールのしくみ

マンホールは、下水道管と地上をつなぐたてに長い空間です。専用の道具を使ってふたを開け、ステップを使って下水道管まで下りることができます。

下水道管

はたらく人に
聞いてみよう

マンホールの中だけでなく
ふたも点検

神奈川県・川崎市上下水道局　高井 聖さん

川崎市内には、マンホールが約12万8000か所あります。わたしたちは、マンホールの中に入って下水道の点検をおこなうほか、ふたの点検や補修もおこなっています。道路にあるマンホールのふたは、車が通ってすりへり、すべりやすくなっていたり、がたつきや段差ができていたりすることがあるため、危険だからです。事故が起こらないよう、定期的に点検をおこない、問題があれば補修や取りかえをしています。

くさび

ふたがぴったりと閉まらずにガタガタしているときは、くさびという道具やボンドを使って補修する。

どんなマンホールのふたがあるかな?

ふだん通る道路をよく見ると、いろいろなマンホールのふたがあります。まちを歩いてふたを探してみましょう。

探すのに夢中になって人や車にぶつかったり転んだりしないように気をつけよう!

さまざまな種類があるマンホール

マンホールには、こわれて中に人や物が落ちるようなことがないように、おもに鉄製のじょうぶなふたがついています。

マンホールのふたには、そのマンホールがどんな使いみちのものであるかを示す記号や文字が書かれています。たとえば、汚水管(➡14ペ

ージ)用のマンホールのふたには「汚水」や「おすい」などと書かれています。マンホールを管理している市町村などの名前が書かれている場合もあります。また、マンホールには下水道用のほかに、ガス管用、送電線用、通信ケーブル用など、さまざまな種類があります。

いろいろなマンホールのふた

マンホールには下水道管のほかに、電気の送電線やガス管、通信ケーブル用などがあり、なんのふたかわかるようになっています。

雨水
雨水が流れる雨水管(➡14ページ)用のマンホールのふた。

汚水
汚水が流れる汚水管用のマンホールのふた。

合流
汚水と雨水が流れる合流管(➡14ページ)用のマンホールのふた。

ふたは直径60cmぐらいのものが多くて重さは約40kgもあるんだって!

電気
地中にある送電線の点検や整備などをおこなうためのマンホールのふた。

ガス
地中にあるガス管の点検や整備などをおこなうためのマンホールのふた。

通信
地中にある通信ケーブルの点検や整備などをおこなうためのマンホールのふた。

その土地の名産品などがデザインされた、"ご当地マンホール"
のふたをしょうかいします。

名産品

北海道函館市
函館近海は日本でも指おり
のイカの産地。名物のスル
メイカがえがかれている。

名産品

山形県東根市
サクランボの都道府県別収
穫量日本一の山形県らしく、
サクランボをモチーフに。

(写真提供：山形県東根市)

科学

茨城県つくば市
市内にはさまざまな研究機
関があり、その象徴として
宇宙船がえがかれている。

海の生き物

東京都小笠原村
小笠原諸島は近海を20種
類以上のクジラの仲間が回
遊することで有名。

(写真提供：東京都小笠原村)

伝統工芸

福井県越前市
1500年の歴史をもつ越前
和紙づくりの、紙をすくよ
うすがえがかれている。

(写真提供：福井県越前市)

文化遺産

静岡県富士市
日本を代表する山、富士山
が朝日に照らされ赤く染ま
った「赤富士」をデザイン。

(写真提供：静岡県富士市)

おかげ参り

三重県伊勢市
江戸時代に大流行した伊勢
神宮へのお参り「おかげ参
り」がえがかれている。

(写真提供：三重県伊勢市)

文化遺産

兵庫県姫路市
1993（平成5）年に世界文
化遺産となった美しい城、
姫路城がえがかれている。

(写真提供：兵庫県姫路市)

人気者

広島県広島市
広島を本拠地とするプロ野
球球団・広島東洋カープのカ
ープ坊やがえがかれている。

(写真提供：広島県広島市)

伝説
愛媛県宇和島市
西日本に伝わる妖怪の牛鬼。
うわじま牛鬼まつりの牛鬼
の頭がえがかれている。

(写真提供：愛媛県宇和島市)

花
福岡県小郡市
市花のフジと大中臣神社に
ある樹齢650年以上の将軍
藤をイメージしたデザイン。

(写真提供：福岡県小郡市)

守り神
沖縄県那覇市
南国らしい色彩で、沖縄の
守り神シーサーやブーゲン
ビリアがえがかれている。

(写真提供：沖縄県那覇市)

下水処理場のしくみ

下水道管を通って下水処理場に運ばれた水はどうなるのかな？

よごれた水を再生する下水処理場

下水処理場は、毎日の生活のなかで出る下水をきれいな水にするところです。水を再生する（よみがえらせる）ことから、「水再生センター」とよばれることもあります。

下水処理場に運ばれた下水は、まず砂や大きなごみが取りのぞかれ、さらに細かい泥などが取りのぞかれます。そして、微生物が残ってい

るよごれを分解し、ろ過して消毒したあと川や海に流されます。

下水処理場の規模は地域によってさまざまですが、1日に100万トン（一般的なふろ1ぱいを250Lとすると4000はい分）以上の水を処理するところもあります。

水を再生する流れ

下水は下水処理場の沈でん池や反応そうなどを通るあいだに、汚泥（→22ページ）が取りのぞかれ、少しずつきれいになっていきます。

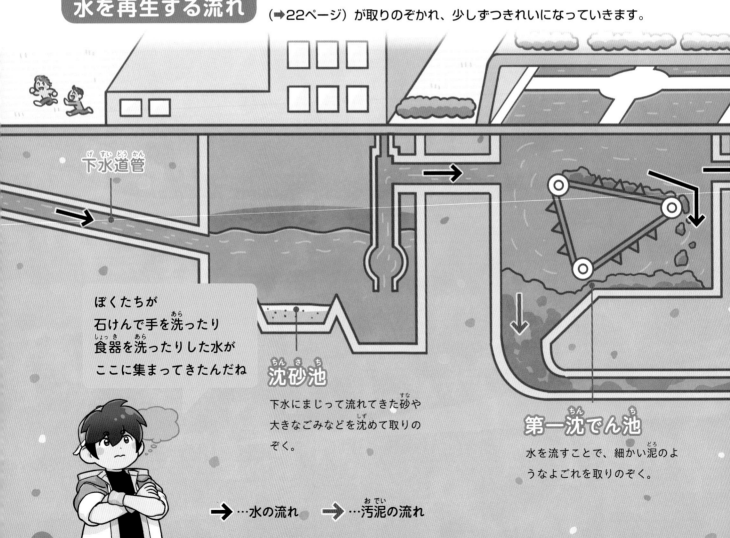

下水道管

ぼくたちが石けんで手を洗ったり食器を洗ったりした水がここに集まってきたんだね

沈砂池
下水にまじって流れてきた砂や大きなごみなどを沈めて取りのぞく。

第一沈でん池
水を流すことで、細かい泥のようなよごれを取りのぞく。

➡ …水の流れ　➡ …汚泥の流れ

下水処理場
（水再生センター）

東京ドーム約4個分の広さをもつ東京都荒川区の三河島水再生センター。1日に70万トン以上の下水を処理することができる。地上部分の一部は公園になっている。

（写真提供：東阪航空サービス／アフロ）

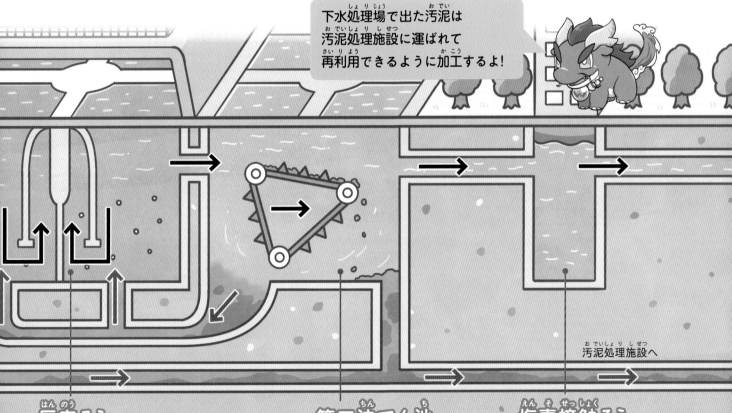

下水処理場で出た汚泥は汚泥処理施設に運ばれて再利用できるように加工するよ！

汚泥処理施設へ

反応そう
微生物からなる活性汚泥（➡20ページ）と第一沈でん池を通った下水をまぜ合わせ、分解に必要な酸素をふくむ空気を送りこみ、下水中の有機物を分解する。

第二沈でん池
ゆっくり流すことで、反応そうで混合された活性汚泥を沈でんさせ、きれいになった下水と分ける。

塩素接触そう
塩素という薬品を使って水の中の細菌などを殺し（殺菌）、川や海に放流する。

2 使った水のゆくえ

活性汚泥の微生物は
酸素によって活発に活動するから
反応そうに空気を送りこんで
かきまぜているよ

下水処理場では微生物が大活やく

下水処理場の反応そうでは、水のよごれを取りのぞくために、微生物が集まってできた「活性汚泥」を使います。活性汚泥と下水をまぜることで、微生物によごれ（有機物）を分解させ、増殖した微生物をよごれとともに沈めます。そうすると、よごれと分かれた上部のきれいな水を取り出すことができます。

活性汚泥を入れた下水処理場の反応そう。

反応そうにいる微生物。

微生物のはたらき

反応そうの中には、大小さまざまな微生物がいます。これらの微生物は、送りこんだ空気中の酸素を使って、有機物を分解します。

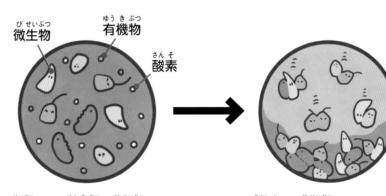

微生物　有機物

酸素

排水の中の有機物を微生物が食べて分解する。

増殖した微生物は、かたまって重くなりしずむ。上部によごれが取りのぞかれた水が残る。

はたらく人に聞いてみよう

処理して川や海に流す
水の水質も分析して
基準値が守れているかどうか
チェックするんだって！

水質検査で排水の安全を確かめる

下水処理場ではたらく人のお仕事

下水処理場の水質検査係は、沈でん池や反応そう、塩素接触そうの水を水質検査室に持ちこみ、きちんとよごれが取りのぞかれているかどうかを確認するため、毎日水質を検査します。
検査では、ふくまれるよごれの成分や細菌の種類、量などを数値で確認します。においも判断のひとつです。よごれが取りのぞかれていない場合は、反応そうに入れる活性汚泥の量を調整するなどして、水質の改善をはかります。

20

近代下水道のはじまり

下水を流す排水溝などの施設は昔からありましたが、
排水をきれいにしてから自然にもどす近代的な施設ができたのは
今から約100年以上前の明治時代のことでした。

コレラの流行をきっかけに

1872（明治5）年、東京・銀座の大火災後に街路を整備するときに、下水溝が整備されました。しかし、日本では古くからし尿を作物の肥料として利用し、川のよごれなどがはっきりとあらわれていなかったため、その後、下水道の建設が進むことはありませんでした。

1877（明治10）年、コレラが大流行し、多くの死者が出ると、あらためて下水道の必要性が認識されるようになります。そして東京府（現在の東京都）が下水道の整備を進め、1884（明治17）年、東京の近代下水道のはじまりである神田下水がつくられました。

神田下水の内部。下水の通り道をたて長のたまご形にすることで、水の量が少なくても、速く流れるようになっている。今でも一部が使われている。

衛生的な水が飲めるよう近代水道（➡1巻）が整備されたのも明治時代だね！

今から約100年前に下水処理施設ができた

1922（大正11）年には、東京・三河島（現在の荒川区）で、日本初の下水処理場「三河島汚水処分場」が運転を開始しました。

三河島汚水処分場には、下水を地下から吸い上げるポンプ室や、土や砂などを取りのぞく沈砂池が設けられました。よごれの分解には、当時の最新技術である、散水ろ床法という方法も導入されました。その後、しき地内に三河島水再生センターがつくられ、現在も稼働しています。

当時の散水ろ床法。砂利などに下水をまいてろ過し、表面にいる微生物によごれを分解させた。

現在も建物が残る旧三河島汚水処分場。建物は、歴史的に貴重なものとして国の重要文化財に指定されている。

汚泥処理のしくみ

ここでは
下水処理場で出る
「汚泥」のゆくえを
見てみよう！

💧 水分を取りのぞいて焼却する

下水処理場では、水をきれいにするときに、沈でん池や反応そう（➡18〜19ページ）で汚泥が生まれます。この汚泥は汚泥処理施設に運ばれて、あつかいやすいかたちに処理されます。

東京都下水道局の汚泥処理施設では、まず、汚泥の水分を取りのぞき、「脱水ケーキ」というかたまりにします。脱水ケーキにすることで、

汚泥はもとの約100分の1の大きさになります。さらに、これを焼却して「焼却灰」にします。焼却灰にすることで、もとの数百分の1にまで小さくなります。また、汚泥の焼却は約850℃でおこなわれますが、焼却より高温の約1400℃でとかし、「溶融スラグ」とよばれるものにすることもあります。

汚泥処理の流れ

汚泥処理施設に運ばれた汚泥は、脱水ケーキや焼却灰などに変わります。

汚泥はそのまま
捨てないんだね

溶融スラグ
アスファルトなどにまぜて使われる。

焼却炉
脱水ケーキを約850℃で燃やし、焼却灰にする。

脱水機
焼却しやすくするために、内部のスクリューを回すことで汚泥をおしつぶしてさらに水分を取りのぞく。脱水ケーキができる。

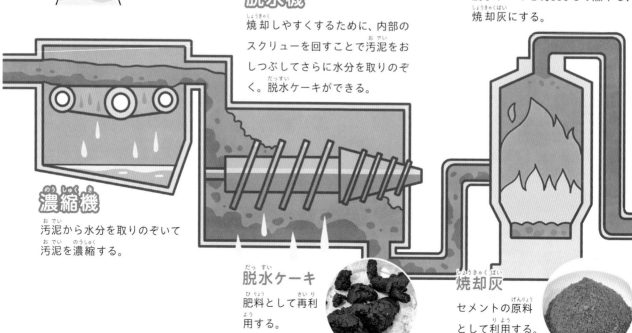

濃縮機
汚泥から水分を取りのぞいて汚泥を濃縮する。

脱水ケーキ
肥料として再利用する。

焼却灰
セメントの原料として利用する。

処理した汚泥は資源として利用する

汚泥処理施設でできた脱水ケーキ、焼却灰、溶融スラグは、できるだけ資源として利用し、利用できない分のみ処分します。

脱水ケーキは、作物を育てる肥料として使われています。焼却灰は、セメント原料として利用され、残りは最終処分場という場所に埋め立てられています。

一方、溶融スラグは、レンガの原料の一部にしたり、建築用のコンクリートや、道路を舗装するアスファルトにまぜたりして使われます。

処理した汚泥の利用例

汚泥は肥料や建築用の材料などに有効利用されています。

脱水ケーキは肥料に利用

脱水ケーキは、作物が育つために必要な栄養分である窒素、リン、カリウムなどをふくみ、肥料として利用できる。

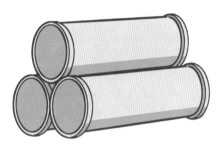

焼却灰はセメント原料に

焼却灰はセメントの原料となる。そのセメントを利用したコンクリートが建築などに使われる。

溶融スラグはアスファルトの材料に

溶融スラグはアスファルトにまぜたりして利用する。

はたらく人に聞いてみよう

汚水処理を止めないために機械の点検や補修をおこなう

ぼくたちが毎日出すよごれた水が毎日処理されるように365日運転をつづけているんだね

汚泥処理施設ではたらく人のお仕事

汚泥処理施設では、汚泥を濃縮・脱水・焼却する工程で多くの機械を使います。これらの機械の運転状況を管理するとともに、機械が停止したり壊れたりしないよう保守・点検することが大切な仕事です。汚泥処理は下水処理と連動しておこなわれています。もし汚泥処理が止まってしまったら、下水処理場に影響が出てしまいます。そうならないよう、定期的に機械の補修をおこなって故障を起きにくくしたり、故障した場合にすぐに対応できるよう、別の機械を用意するなどしています。

再生水を利用する

かぎられた水を
大切に使うために
どんなくふうを
しているのかな?

使った水を再利用する

「再生水（下水再生水）」とは、下水処理場で処理した水のうち、川や海に流さずに再利用する水のことをいいます。日本では年間約153億㎥の下水を処理していますが、そのうちの1.4%を再生水として利用しています（2019年度、国土交通省）。

再生水は、1960〜70年代に九州や四国で渇水（雨が降らずに川などの水がかれること）が起こったり、人口が増加した首都圏で使う水が急増したりしたことをきっかけに、貴重な水資源として注目されるようになりました。

再生水は、まずは下水処理場内で機械などの洗浄に使われ、その後、下水処理場外の施設のトイレの洗浄や農業用水、工業用水など多目的に使われるようになりました。とくに、「水洗用水」「修景用水」「親水用水」といった、人がふれたり見たりする再生水については、2005（平成17）年に、国土交通省により水質などの基準が設けられ、安全で安心して使える水として、活用の幅が広がっています。

下水再生水の使い道

下水再生水は、わたしたちに身近な場所で、さまざまな目的で利用されています。

再生水を利用する事業者など 9.1%

工業用水 1.0%
工場での洗浄、冷却などに使われる。

農業用水 6.1%
水田のかんがいなどに使われる。

融雪用水 19.3%
道路上の雪をとかすために使われる。

出典：国土交通省「日本の水資源の現況」（令和4年版）
※データは2019年度のもの。

水洗用水 3.7%
水洗トイレの洗浄水として使う。

下水再生水の
合計
2億1282万㎥

修景用水 24.1%
ショッピングモールやビルの噴水、池など、景観を整備するために使う。

親水用水 2.0%
水にふれて楽しめる親水公園やせせらぎなどで使う。

河川維持用水 34.5%
川の水量を保つために使う。

道路、工事現場の清そうなど 0.2%

使った水はどれくらいよごれているの?

手洗いや洗顔に使った水など身近な水のよごれを、パックテストCODを使って調べてみましょう。

液体の色の変化で水のよごれ具合を調べるよ

水のよごれの度合いを知る「COD」

COD（化学的酸素要求量）は、水中のよごれ（有機物）を薬品で酸化させたとき、必要な酸素の量を数値であらわしたもので、BOD（➡9ページ）と同じく、水のよごれの度合いをはかるときに使われます。CODは、パックテストCODという測定器で調べることができます。

注意! パックテストCODは、薬品を使います。製品の取りあつかいについてよく確認し、テストは必ず大人といっしょにおこないましょう。

用意するもの
● パックテストCOD（型式WAK-COD-2）
※パックテストCODは共立理化学研究所の製品です。通信販売などで購入できます。
● よごれを調べたい液

はかり方

1 チューブ先端についているライン（ひも）を引きぬく。チューブを強くつまんで、中の空気をおし出す。

2 チューブをつまんだまま調べたい液の中に入れ、水を吸いこむ。液がもれないようにして、5〜6回ふる。

3 5分後に、チューブの液の色を色見本とくらべ、数値を調べる。数値が高いほど、水はよごれている。

まとめよう

調べた数値を表にまとめてみましょう。

調べた水	COD（mg/L）
（例）石けんで手を洗った水	
（例）食器を洗った水	
（例）みそしる	
（例）牛乳	

なにげなく流している排水が水をよごしているんだね

安土桃山時代にタイムスリップ

大阪のまちの発展をささえた「太閤下水」

今のような下水道管や下水処理施設がなかった昔の人は、
汚水や雨水をどうしていたのでしょうか。
大阪のまちの下水道の歴史を見てみましょう。

昔から使われていた下水道

日本の下水道のはじまりは、弥生時代（約2300～1700年前）だと考えられます。弥生時代は水田での稲作がおこなわれ集落ができた時代です。人びとは集落の周囲にみぞをほって、集落から出た排水を農業用水として流しました。

奈良時代（約1300年前）になると、平城京という都が栄えました。平城京はまちが碁盤の目のように道路で区切られていました。この道路にそって下水溝がつくられ、雨水や人びとが使った水を流すようになりました。

安土桃山時代になり、1583年には、豊臣秀吉が大坂（現在の大阪市）で大坂城の建設をスタートしました。このとき、秀吉は城下町の整備も進めます。大坂周辺はもともと湿地で、水はけが悪い場所でした。そこで秀吉は、地面をほって下水溝をつくり、ほった土を周囲に盛って地面を高くしました。そして、雨水や人びとが使った水が川や海に流れるようにしました。この下水溝が、今も大阪で使われている「太閤下水」の原形だと考えられています。

太閤下水の断面図

太閤下水は、地面をほったみぞの部分に石を積んでじょうぶにしたもので、最初は上部のふたはありませんでした。その後、明治時代になり、底部にコンクリートを使ってさらにじょうぶにし、ふたがかぶせられました。

昔は、し尿を農作物の肥料として利用したから、下水に流したのは炊事や洗たくなどに使った水だったんだよ

440年も前にこんな下水道がつくられたなんてびっくり！

太閤下水

屋敷　屋敷

ふた

石垣

まちの整備の基礎となった下水道

　この下水道は、秀吉が「太閤」とよばれていたことにちなんで、「太閤下水」とよばれました。太閤下水は、屋敷と屋敷が背（うら口側）を向けて建ち、そのあいだを割るようにつくられた下水道であることから、「背割下水」という別名をもっています。

　大坂では、城下町をつくるときに、道路や下水道を建物より先につくりました。道路や下水道を計画的につくってまちの区画として利用し、まちを整備したのです。

太閤下水と大坂のまちのつくり

大坂では、下水にはさまれた40間（1間は約1.8m、40間は約73m）四方をひとつのまちとしていました。

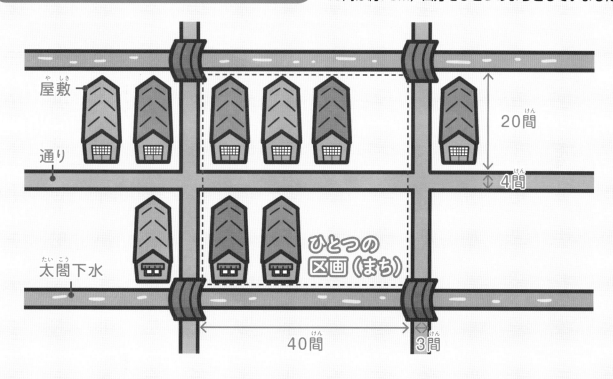

屋敷

通り

太閤下水

20間

4間

ひとつの区画（まち）

40間

3間

今も使われている太閤下水

　太閤下水は、時代が変わっても整備がつづけられ、明治時代には全長350kmにもなりました。その一部は現在も使われています。ほとんどの場所はふたがされて地上から見ることができませんが、大阪のまちには、太閤下水のようすがわかる路地があちらこちらに残されています。

地上にあるのぞき窓から、地下を流れる下水を見ることができる施設もある。

（写真提供：大阪市建設局）

太閤下水の内部。現在は、石垣がコンクリートで補強されている。

（写真提供：大阪市建設局）

太閤下水のようすがわかる路地。まっすぐにつづく路地の下を下水が流れている。

いろいろな下水処理の方法

全国の下水道普及率は約80%

日本では、明治時代に近代下水道（➡21ページ）がつくられたのち、都市部で下水道整備が進みました。しかし、多くの地域で下水道事業になかなか着手できず、ようやく全国の下水道普及率（総人口に対する使っている人の割合）が50％をこえたのは、1995（平成7）年度末でした（国土交通省調べ）。その後、少しずつ下水道が普及し、2021（令和3）年度末には普及率が80.6％に達しています（日本下水道協会調べ）。

下水道がない地域ではどうやって下水を処理しているのかな？

地域に合ったいろいろな方法があるよ（➡30ページ）

いろいろな下水道

そもそも「下水道が整備されている」とは、どんな状態をさすのでしょうか。下水道法という法律では、下水道は下水を取りのぞくために設けられる排水管や、下水を処理するための施設をさします。

これにあてはまる下水道施設には大きく分けて3種類があります。ひとつは市町村が管理する「公共下水道」で、全国でもっとも多く利用されています。ほかに、「流域下水道」「都市下水路」もあります。

下水道の種類 下水道は、大きく「公共下水道」「流域下水道」「都市下水路」の3つに分けられます。

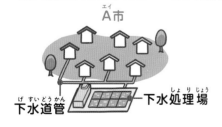

公共下水道
全国でもっとも多く利用されている下水道。市町村が管理する。

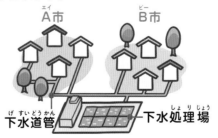

流域下水道
ふたつ以上の市町村にまたがる下水道。都道府県が管理する。

都市下水路
雨水を取りのぞくことを目的とした下水道。市町村が管理する。

全国の下水道普及率

東京都、神奈川県、大阪府、京都府など、大きな都市がある都道府県は普及率が高くなっています。

出典：公益社団法人日本下水道協会「都道府県別の下水処理人口普及率」2021年度末
※福島県は東日本大震災の影響で調査ができない市町村があったため、一部が調査の対象から外れている。

上水道（➡1巻）はほぼ全国に広まっているけれど下水道はちがうんだね

- ▓ 81～100%
- ▓ 61～80%
- ▓ 41～60%
- ▓ 40%以下

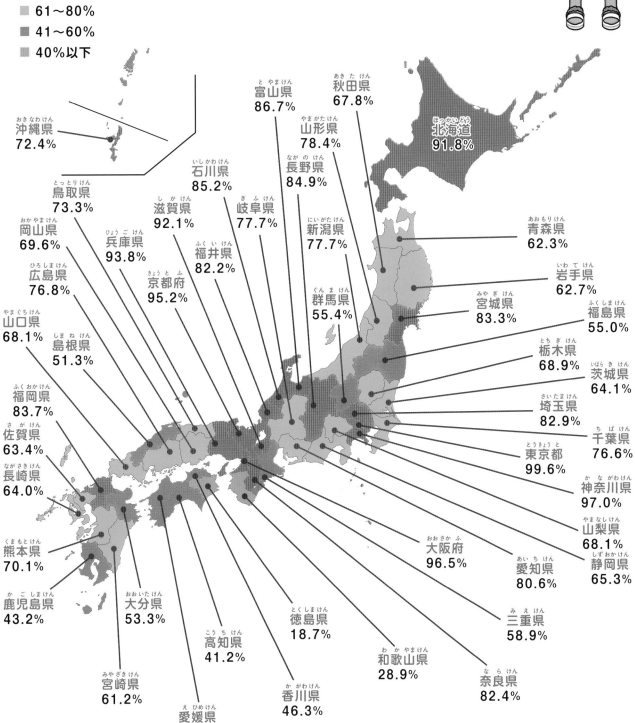

富山県 86.7%
秋田県 67.8%
山形県 78.4%
長野県 84.9%
北海道 91.8%
沖縄県 72.4%
石川県 85.2%
滋賀県 92.1%
岐阜県 77.7%
新潟県 77.7%
青森県 62.3%
鳥取県 73.3%
岡山県 69.6%
兵庫県 93.8%
福井県 82.2%
群馬県 55.4%
岩手県 62.7%
宮城県 83.3%
福島県 55.0%
広島県 76.8%
京都府 95.2%
栃木県 68.9%
茨城県 64.1%
山口県 68.1%
島根県 51.3%
埼玉県 82.9%
福岡県 83.7%
千葉県 76.6%
佐賀県 63.4%
東京都 99.6%
長崎県 64.0%
神奈川県 97.0%
山梨県 68.1%
熊本県 70.1%
大阪府 96.5%
静岡県 65.3%
愛知県 80.6%
鹿児島県 43.2%
大分県 53.3%
徳島県 18.7%
三重県 58.9%
高知県 41.2%
和歌山県 28.9%
宮崎県 61.2%
奈良県 82.4%
香川県 46.3%
愛媛県 56.7%

💧 下水道以外の下水処理施設

下水道は、大きな都市で一度にたくさんの下水を処理するときに役立ちますが、整備するためには費用や時間がかかり、どんな地域にも向いているとはいえません。下水道が整備されていない農村や人口が少ない地域のなかには、「集落排水施設」や「合併処理浄化そう」を利用している地域もあります。下水道のほかに、こうした集落排水施設、合併処理浄化そうをふくむ汚水処理施設を利用している人の割合を「汚水処理人口普及率」といいます。下水道普及率が80.6%（➡28ページ）であるのに対し、汚水処理人口普及率は2021（令和3）年度末、92.6％となります。大切なことは、汚水をそのまま川や海に流さないということです。

地域に合った下水処理の方法

下水を処理する施設は、下水道だけではありません。下水は、それぞれの地域に合った方法で処理されています。

自分が住む地域ではどんな施設を利用しているのかな？調べてみよう！

下水道
大きな都市や市街地には、下水道が向いている。

下水処理場 →

集落排水施設
下水道と同じしくみだが規模が小さく、人口が密集していない集落に向いている。市町村が集落に住む人たちと協力して管理する。

集落排水施設

合併処理浄化そう
それぞれの家庭に設置し、家庭から出る生活排水と、し尿を処理する装置。人家が少ない地域に向いている。

合併処理浄化そう

合併処理浄化そう
は、家のしき地内
に設置される。

合併処理浄化そうのしくみ

合併処理浄化そうは、微生物の力で家庭の台所
やふろから出る排水やし尿を処理します。

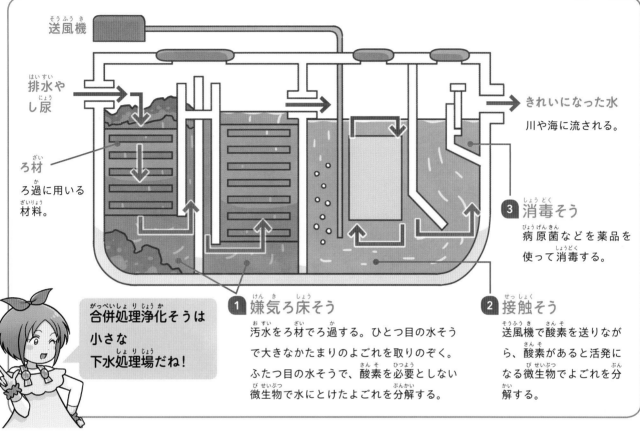

送風機

排水や
し尿

ろ材
ろ過に用いる
材料。

きれいになった水
川や海に流される。

3 消毒そう
病原菌などを薬品を
使って消毒する。

1 嫌気ろ床そう
汚水をろ材でろ過する。ひとつ目の水そう
で大きなかたまりのよごれを取りのぞく。
ふたつ目の水そうで、酸素を必要としない
微生物で水にとけたよごれを分解する。

2 接触そう
送風機で酸素を送りなが
ら、酸素があると活発に
なる微生物でよごれを分
解する。

合併処理浄化そうは
小さな
下水処理場だね!

もっと
知りたい!

単独処理浄化そうと
くみ取り式トイレ

し尿を回収するバキュ
ームカー。ホースを便
そうにさしこみ、真空
ポンプを使ってタンク
の中にし尿を吸いこ
む。

　浄化そうには、合併処理浄化そうのほかに、し尿の
みを処理する単独処理浄化そうがあります。また、地
域によっては、くみ取り式トイレが利用されている場
合があります。これは、し尿をトイレの下にある便そ
うというあなにため、定期的にバキュームカーで回収
するというものです。単独処理浄化そうやくみ取り式
トイレではし尿をのぞく排水（生活雑排水）をそのま
ま川や海に流すため、水をよごしてしまいます。その
ため、現在は、下水処理施設の利用や合併処理浄化そ
うへの切りかえが進められています。

自分たちが使った水を
そのまま流すと
川や海をよごしてしまうんだね……
下水を処理するって
大事なんだ

3 災害にそなえる

地震や大雨といった災害時、下水道はどのような影響を受けるのでしょうか。災害へのそなえと取り組みについて見てみましょう。

💧 地震で下水道が使えなくなることがある

　地震が多い日本では、地震による下水道の被害が深刻です。激しいゆれによって下水道管などの設備が破損すると、トイレやふろで使った水が流せなくなります。とくに、し尿は毎日の生活で必ず出るものです。トイレが使えないと衛生状態が悪くなるうえに、好きなときにトイレに行けなくなり、人の健康に悪い影響をおよぼすこともあります。

　実際に、2011（平成23）年に起こった東日本大震災では、下水道管にひびが入ったり、マンホールがうき上がったりする被害が出ました。国土交通省の調べ（2011年）によると、岩手県、宮城県、福島県、茨城県の4県だけで、下水処理場195か所のうち89か所、下水道管2万8235kmのうち846kmが被災し、多くの人が下水道を利用できない状態となりました。

下水道管が破損すると
下水が逆流して
あふれ出して
くることもあるんだ

東日本大震災により破損したマンホール。大きなゆれによって地盤が液体のような状態になる「液状化」が起こり、マンホールが舗装道路をつき破ってうき上がった（千葉県浦安市）。

（写真提供：毎日新聞社）

地震にそなえる取り組み

　現在、多くの市町村では、下水道施設や設備の耐震化に取り組んでいます。とくに地震の被害を受けやすいマンホールや下水道管は、補強工事をするなどして強化しています。

　施設によっては、災害時に停電しても設備を動かしつづけられるよう、非常用電源設備をそなえているところもあります。

　また、トイレが使えなくなったときのために、避難所となる学校や公園などに、災害用マンホールトイレを整備するところも増えています。

マンホールの耐震化

マンホールと下水道管のつなぎ目の部分に弾力性のある部品（ゴムブロック）を取りつけることで、つなぎ目でしなって下水道管が折れたり外れたりしにくくなります。

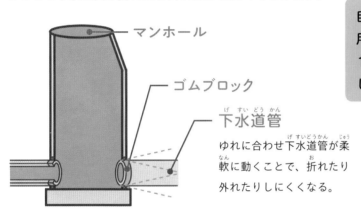

- マンホール
- ゴムブロック
- 下水道管
  ゆれに合わせ下水道管が柔軟に動くことで、折れたり外れたりしにくくなる。

災害用マンホールトイレがどこにあるかを確認しておくことも大切ね！

自分で、非常用トイレを用意しておくといいね！1巻で、防災グッズをしょうかいしているよ

災害用マンホールトイレのしくみ

災害時にマンホールのふたを外し、便器やテントを設置します。使うときは、マンホールから直接、し尿を排水管に落とし、水の投入口からプールの水などを入れて下流の下水道管へと流します。

水の投入口
プールの水などを利用する。

便器

テントやしきり

マンホール

下水道管

排水管

災害時にトイレが設置できるマンホールのふたには、「災害用トイレ」と書かれている。

大雨で川の水が あふれ出す

下水道に関わる災害は地震だけではありません。近年は気候変動（➡3巻）の影響で、かぎられた地域に短時間で多量の雨が降る「集中豪雨」など、異常な大雨が増えています。こうした大雨によって、川の水がいちじるしく増すと、増えた水があふれ出し、洪水がおこります。

川の水があふれだす氾濫には、大きくふたつの種類があります。ひとつは、川の水が堤防をこわしたりこえたりしてあふれ出す「外水氾濫」です。もうひとつは、下水道管内の水があふれ出す「内水氾濫」です。どちらも、道路や建物にまで水が流れこみ水びたしにする浸水被害をもたらします。

2020（令和2）年7月、山形県に降った大雨で最上川が氾濫（外水氾濫）。農地や住宅が浸水した。

（写真提供：朝日新聞社）

2019（令和元）年7月、九州北部をおそった大雨では、市街地が内水氾濫によって浸水。ひざの高さほどの水がたまった。

（写真提供：西日本新聞社）

もっと 知りたい！

内水氾濫が 起こるしくみ

浸水被害のうち、内水氾濫は都市で多く発生します。これは、都市の地面がアスファルトやコンクリートでおおわれていることに関係しています。地面に土の部分が多いと、そこから雨水がしみこみますが、土の部分が少ない都市では、雨水が地面にしみこまずに側溝や雨水ますを通して下水道管に流れます。集中豪雨などで雨水が下水道管に流れこむと、下水道管の排水する力をこえ、水があふれ出すのです。この状態がつづくと、低地や水はけが悪い場所から浸水が広がっていきます。

下水道管

地面に土の部分が多いと、そこに雨がしみこみ、内水氾濫は起きにくい。

下水道管

地面がアスファルトやコンクリートでおおわれていると、雨水の大半が下水道管に流れこみ、水があふれ出す。

大雨に強いまちづくり

国土交通省「水害統計」によると、2008年から2017年までの10年間に起こった水害のうち、内水氾濫によるものは全国で見ると約4割ですが、東京都だけを見ると約7割にものぼります。内水氾濫は、都市型の水害といえます。こうした水害からまちを守るために、全国の都市では、地下に雨水を一時的にためておく貯留管を設けるなど、さまざまな大雨・浸水対策をおこなっています。

家の近くには大きな川がないからぼくには浸水被害は関係ないと思っていたよ

水害の原因は川の氾濫だけじゃないんだね

大雨や浸水からまちを守る取り組み

全国のそれぞれの都市で、浸水対策のための貯留管や貯留施設を整備したり、ハザードマップを公表したりしています。

雨水貯留施設

大雨のときに雨水を一時的にため、雨がやんだあと下水処理場に流す。

（写真提供：東急電鉄）

ハザードマップ

被害がおよぶ場所を予測してまとめたもの。

横浜市HP「洪水ハザードマップ」より

防水扉

地下鉄の駅の出入口などで、洪水のおそれがあるときに扉を閉めて、中に水が流れこまないようにする。

（写真提供：東京メトロ）

通常時

閉扉時（洪水のおそれがあるとき）

貯留管

大雨のときに雨水を一時的にためてから流す。写真は東京都中野区にある和田弥生幹線。12万㎥の水をためられる。

（写真提供：東京都下水道局）

役所

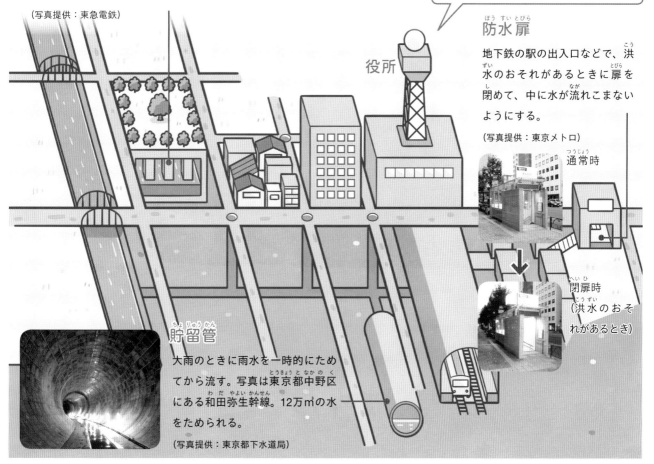

まちを浸水被害から守る！「首都圏外郭放水路」

「首都圏外郭放水路」は、地下50mを流れる放水路です。
どのようなはたらきをしているのでしょうか。

大雨のときに川の水を取りこみ、洪水調節をする

埼玉県東部から東京都東部にかけて流れる中川・綾瀬川流域は、土地が低くて水がたまりやすく、大雨のたびに氾濫・浸水（➡34ページ）をくり返してきました。首都圏外郭放水路は、こうした水害を減らす目的で埼玉県春日部市につくられた施設です。1993（平成5）年に工事が始まり、2006（平成18）年に完成しました。施設は、おもに5つの立坑（たてあな）とそれをつなぐ地下トンネル、調圧水そうからなり、西側の大落古利根川から東側の江戸川まで約6.3kmつづいています。

首都圏外郭放水路のしくみ

大雨のとき、大落古利根川、中川などの川の水位が上がると立坑に水が流れこみ、地下トンネルを通って調圧水そうに水がたまります。水はいったんここにためられたのち、強力なポンプを使って江戸川に排水されます。

首都圏外郭放水路は世界最大級の地下放水路だよ

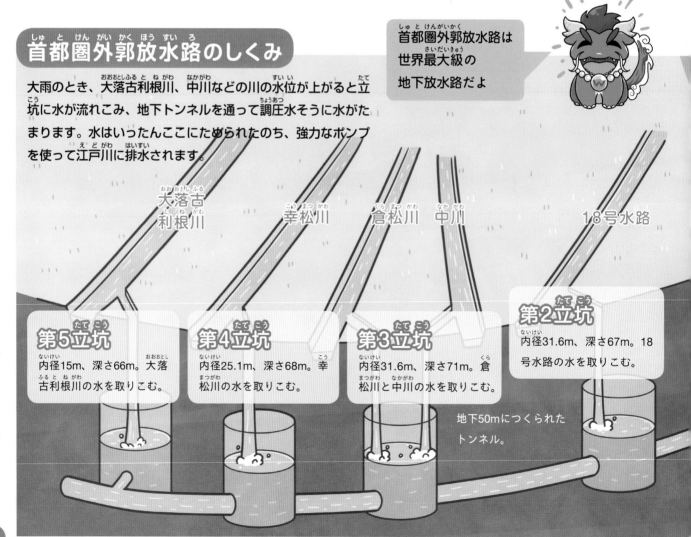

大落古利根川　幸松川　倉松川　中川　　18号水路

第5立坑
内径15m、深さ66m。大落古利根川の水を取りこむ。

第4立坑
内径25.1m、深さ68m。幸松川の水を取りこむ。

第3立坑
内径31.6m、深さ71m。倉松川と中川の水を取りこむ。

第2立坑
内径31.6m、深さ67m。18号水路の水を取りこむ。

地下50mにつくられたトンネル。

大きな治水効果を発揮

首都圏外郭放水路では、大雨のときに周辺の中・小の川から水を取りこみ、水量を調節しながら大きな河川・江戸川に排水することで、氾濫・浸水被害をふせぎます。施設が完成した2006（平成18）年以降、平均年に7回、水を取りこみ洪水調節をしてきました。2019（令和元）年10月にあった令和元年東日本台風のときには、中川・綾瀬川流域に48時間で平均216.4mmの大雨が降りましたが、この流域に降った雨のうち、1218万㎥（東京ドーム約10ぱい分）の洪水調節をしました。放水路ができたことで、この地域の浸水被害は大幅に減っています。

放水路ができる前の2000年の台風時には、流域の平均雨量160㎜で地域一帯が浸水した。

2002年に放水路の一部ができたあとの2004年の台風時には、流域の平均雨量は199㎜だったが、浸水はしなかった。

（写真提供：江戸川河川事務所）

首都圏外郭放水路には67万㎥（60階建てビルひとつ分）の水をためることができるんだって！

水をすい上げる羽根車。

ポンプ設備

強力なポンプで水をすい上げ、江戸川につづく排水樋管へと送る。4台あるポンプを同時に動かすと、1秒で小学校の25mプール1ぱい分を排水できる。

江戸川

調圧水そう

地下22mのところにある長さ177m、幅78m、高さ18mの巨大な水そう。流れてきた水の勢いを弱めるはたらきをしている。

第1立坑

内径31.6m、深さ71m。それぞれの立坑から流れてきた水が集まる。

立坑を上から見た写真。

神殿のような見た目から「地下神殿」とよばれている調圧水そう。重さ500トンの柱が59本もあり、水そうの天井をささえている。地上は運動場として利用されている。

わたしが使った水はどこへ行くの?

自分が住んでいる地域の下水処理施設について
調べてまとめてみましょう。

調べたことを
この本の最後の
ページにある
ワークシートに
まとめよう!

ステップ1

ますやマンホールのふたを探してみよう

　家の中で排水口に流した排水や、雨水は、家
のしき地にある汚水ますや雨水ます（➡12ペー
ジ）に集まります。ますのふたは手のひらくら
いの大きさで、「汚水」「雨水」と書いてあること
が多いです。しき地内を探してみましょう。

　また、家と道路の境界付近には、各家庭から
流れた汚水を集める公共汚水ます（➡13ペー
ジ）のふたもあります。道路のまん中には、下
水道管と通じるマンホール（➡13ページ）があ
ります。この下に下水道管が流れています。こ
れらのふたを探して、下水道管がどのあたりを
通っているのかを調べてみましょう。

\家のしき地にある 「ます」のふた/

汚水ます

雨水ます

―――― 調べる項目 ――――

この本の12～13ページ、30～31ページの説明
も見ながら、チェックしてみよう。

汚水ます、雨水ますの
ふたはある?

□ ある
□ ない

汚水ます、雨水ますは
家のしき地のどこにある?

浄化そうのふた
（合併処理浄化そう）

下水道のない
地域には、浄化そう
（➡30ページ）が
設置されているよ

下水処理施設や処理した下水の放流先を調べよう

地域の下水処理施設について調べましょう。インターネットの検索サイトで、下水道事業者名＋「下水処理施設」と入力すると、地域にある下水処理施設の名前、場所について調べることができます。

また、その施設でおこなわれている処理の内容や、放流先の川や海などをしょうかいしていることもあります。

調べる項目

自分の地域にはどんな下水処理施設があり、下水をどこに放流しているかを調べましょう。

どんな下水処理施設がある？

どこに放流している？
- □ 川
- □ 海

福岡市のサイトではどの地域の下水がどこで処理されているか色分けされているよ

福岡市HPより

ぼくが流した排水のゆくえ

ぼくの住んでいる地域では公共下水道が整備されていて、ぼくが流した排水は○○水再生センターに送られるよ。○○水再生センターでは、きれいにした水を○○湾に放流しているよ。

わたしが流した排水のゆくえ

わたしの住んでいる地域には、下水道が通っていないことがわかったよ。家から出た排水は、しき地内に設置された合併処理浄化そうできれいにして、△△川に放流しているよ。

排水のよごれを減らす

よごれがひどい排水を流すと、どんな影響があるのでしょうか。
どうして排水の中のよごれを減らす必要があるのか見てみましょう。

下水処理場で処理しきれないよごれもある

わたしたちが台所やふろなどで使って流した排水は、下水処理場できれいにして川や海に放流されます。だからといって、よごれた水をどんどん流してよいわけではありません。よごれを多くふくむ排水を流すと、下水処理場での処理の手間を増やします。また、天ぷら油などの油を流すと、冷えて排水管や下水道管の内側にこびりつき、下水の流れを悪くします。とくに、汚水と雨水をいっしょに流す合流式下水道（➡14ページ）では、大雨で下水道管内の水量が一定量をこえると、排水が処理されないまま川や海に放流されるため、油が「オイルボール」とよばれるかたまりになって川や海に流れ出ることもあります。

油がこびりつきつまりかけた下水道管の内側。

浜辺に流れ着いたオイルボール。

（写真提供：東京都下水道局）

排水をそのまま流すと魚などに影響をあたえる

一方、下水処理施設がない地域では、生活排水をそのまま川や海に流すことがあります。有機物からなるよごれは、水中で微生物によって分解されるときに酸素を必要とします。そのため、水中のよごれの分解に酸素が使われてしまうと、魚などの生き物が必要な酸素が減ってしまいます（➡8〜9ページ）。わたしたちが流した排水が、魚などの生き物にとってすみにくい環境をつくり出してしまうのです。

生活排水はどうしても出てしまうけれどできるだけ排水の中のよごれを減らすことが大事なのね！

排水口は川や海につながっていて排水が環境にも影響をおよぼすことを覚えておこう！

魚がすめる水質にするために必要な水の量

よごれた水を処理しないで川や海に流した場合、魚がすめる水質になるにはどれくらいの量の川や海の水とまざらないといけないのでしょうか。

中濃ソース

大さじ1ぱい
（15mL）

必要な水の量

ふろ 約1.6ぱい分

みそしる

おわん1ぱい
（180mL）

必要な水の量

ふろ 約5.6はい分

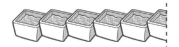

シャンプー

1回分
（4.5mL）

必要な水の量

ふろ約0.8はい分

牛乳
コップ1ぱい
（200mL）

必要な水の量

ふろ 約13.2はい分

マヨネーズ
大さじ1ぱい
（15mL）

必要な水の量

ふろ 約15.6はい分

台所用洗剤
1回分
（4.5mL）

必要な水の量

ふろ約0.8はい分

使用ずみの天ぷら油
（20mL）

必要な水の量

ふろ 約24はい分

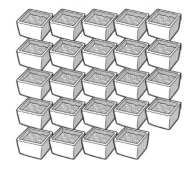

なべ1ぱい分の油を流すなんて絶対にだめだね

出典：環境省「生活排水読本」をもとに計算。
※魚がすめる水質とは、コイやフナがすめるBOD5mg/L以下としています。
※ふろ1ぱい250Lとして計算しています。

よごれを減らすために わたしたちにできること

　排水の中のよごれを減らすために、よごれのもとを流さないようにしましょう。たとえば、食器を洗う前にいらなくなった紙などでよごれをふいておけば、よごれのもとは少なくなります。また、石けんやシャンプー、洗剤などを使いすぎないことも大切です。

以前は、洗たくや食器洗い用洗剤の中にリン（➡8ページ）をふくむものや分解しにくいものがあって川がよごれてしまったことがあったけれど今はそういった問題を改善した成分で洗剤がつくられているんだって！

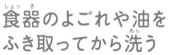

台所から出るよごれのもとを減らすために

基本は、よごれのもとをそのまま流さないこと。野菜くずなどの固形物は取りのぞき、油はそのまま流さないようにしましょう。

飲み残しをしない

スープやジュースなど残したものを捨てるのは、よごれのもとを増やすということ。食事ははじめから、食べられる量、飲みきれる量にしよう。

食器のよごれや油をふき取ってから洗う

調理で使った道具、食べ終わった皿などについたよごれをふき取ってから洗えば、流す水も洗剤の量も減らせる。

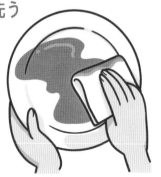

水切りぶくろを使う

シンクに水切りぶくろを置いて、野菜くずなどの固形物を流さないようにする。

油の捨て方

あまったあげ油は、ほかの料理に活用してなるべく使いきる。それでも残った油は、新聞紙で吸い取ったり市販の薬品で固めたりして、ごみとして捨てる。

洗剤の量を減らす

つけ置き洗いをすれば少ない量の洗剤でよごれが落ち、節水もできる。

アイデア2

トイレから出るよごれの もとを減らすために

トイレでは、し尿のほかにトイレットペーパーやそうじ用の洗剤がよごれのもとになります。それぞれ、必要な量だけ使うようにしましょう。

石けんや洗剤の使いすぎはむだになるし、川や海をよごす原因になる

こまめにそうじする

こまめにそうじをすればよごれがたまらず、そうじのときに使う洗剤の量も少なくてすむ。

トイレットペーパーを 使いすぎない

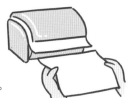

ミシン目（切り取り線）が入っているものはそれをめやすに、むだに使いすぎないようにする。

アイデア3

ふろや洗面所でよごれの もとを減らすために

洗剤や石けん、シャンプーもよごれのもとです。また、かみの毛など固形物を流さないことも大切です。

石けんやシャンプーは 必要な量だけ使う

ちょうどよい量を使い、使いすぎないようにする。

排水口に目の細かい ネットなどをかける

ふろの排水口専用のネットやペーパーを使えば、かみの毛や石けんかすをそのまま流さずに取りのぞける。

アイデア4

洗たくのときによごれの もとを減らすために

少ない量の洗たく物を何度も洗うよりも、まとまった量の洗たく物を1回で洗うほうが、水も洗剤も少なくてすみます。

洗剤は 必要な量だけ使う

商品の説明に書かれているちょうどよい量を使い、使いすぎないようにする。

すぐにできることがたくさんあるね！今日からやってみよう！

5 下水道のこれから

今、下水道はどんな問題をかかえているのでしょうか。
解決しなければならない問題や新しい技術を見てみましょう。

下水道を長もちさせる

下水道管の寿命は約50年といわれています。一方で、全国の下水道管の約5％にあたる約2.5万kmが、つくられてから50年を過ぎています。

古くなった下水道管は順番に新しいものへと取りかえていますが、それは簡単ではありません。取りかえるためには地中にうまった下水道管をほり起こす必要があり、そのあいだ、下水道を止めなくてはなりません。

そこで、少しでも下水道管を長もちさせるために、新しい技術を使って下水道管を補強する工事などがおこなわれています。

下水道管が古くなると
どうなるの？

破損して
汚水が地下にしみ出たり
道路の陥没の原因に
なったりするんだ

下水道管をよみがえらせる
SPR工法

古い下水道管の内側にじょうぶなプラスチックの素材をまきつけ、下水道管の内側のかべと一体化させます。この方法では、古い下水道管をほり起こすことなく、下水を流したまま下水道管の更生をすることができます。

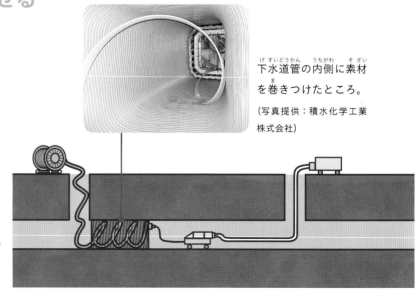

下水道管の内側に素材
を巻きつけたところ。

（写真提供：積水化学工業
株式会社）

遠隔で操作できる機械を使って、
下水道管の内側にらせん状に
素材を巻きつけていく。

下水道から資源やエネルギーを生み出す

下水道では、下水処理で出た汚泥の再利用が進んでいます（➡24ページ）。また、下水道管や下水処理施設を流れる下水がもつ「下水熱」は、ビルの冷暖房の熱源として利用されています。汚泥から発生するガスを利用した発電や、下水の流れを利用して発電する「小水力発電」（➡4巻）を導入する施設も出てきています。

このように、下水道からは、さまざまな資源やエネルギーを生み出すことができ、その有効活用が求められています。

下水熱の利用

下水は外気とくらべて夏は冷たく、冬はあたたかい。写真は下水から下水熱を取り出す装置。

（写真提供：東京都下水道局）

下水汚泥からバイオガスを取り出す

下水から出る汚泥を処理するときに（➡22ページ）、汚泥からバイオガスが発生する。このガスを取り出し、発電に利用する取り組みが進められている。

小水力発電でエネルギーをつくり出す

小水力発電は、ダムを利用する大規模な発電とはちがい、川や農業用水、上下水道などの水をそのまま利用する。写真は、下水処理場内に設置されている発電設備。

（写真提供：東京都下水道局）

下水道の有効活用は
世界中がめざしている
じゅんかん型社会にぴったりね

水のじゅんかんや水環境を創造する

下水道には、水のじゅんかんや水環境を創造するという役割もあります。下水処理場で処理した水を、川や海に返してじゅんかんさせるだけでなく、再生水を利用したり（➡24ページ）や、施設上部を有効活用することで、水環境を創造していくことが期待されています。

下水処理場上部の利用

地下に広がる下水処理場の地上部に親水公園をつくり開放することも、水環境の創造のひとつ。わたしたちがうるおいややすらぎを感じられる場となっている。写真は、大阪市・放出下水処理場上部のせせらぎと遊歩道。

（写真提供：大阪市）

さくいん

ここでは、この本に出てくる重要な用語を50音順にならべ、その内容が出ているページをのせています。
調べたいことがあったら、そのページを見てみましょう。

クイズのこたえ

第1問の答え　③　➡11ページ
汚水と雨水を合わせて「下水」という。汚水は、わたしたちが毎日の生活のなかで使ってよごれた水のこと。

第2問の答え　②　➡28ページ
全国の下水道の普及率は80.6%。下水道が整備されていない地域もある。
（2021年 日本下水道協会調べ）

第3問の答え　②　➡14ページ
汚水と雨水をいっしょに流す下水道を合流式下水道、べつに流す下水道を分流式下水道という。

第4問の答え　①　➡13ページ
道路のわきなどにあり、ふたにあながあいていて雨水が集まるようになっている。

第5問の答え　②　➡15ページ
丸いとどんな角度でもマンホールの中に落ちることがなく、事故をふせぐことができる。

第6問の答え　③　➡20ページ
微生物が集まった活性汚泥とよばれるものを使って、水をきれいにします。

第7問の答え　①　➡22ページ
汚泥は汚泥処理施設で焼却し、作物を育てるための肥料や建築、道路舗装などの材料として再利用する。

第8問の答え　①　➡35ページ
各市町村のホームページなどで公開することで、被害を減らすことを目的としている。

第9問の答え　③　➡34ページ
大雨などで下水道管内の水があふれ出すことを「内水氾濫」、川の水があふれ出すことを「外水氾濫」という。

第10問の答え　①　➡40ページ
どんな食品もそのまま排水口に流すのはよくないが、とくに油は注意が必要。冷えてかたまり排水管をつまらせたり、川や海の水質汚染の原因になる。

監 修
西嶋 渉（にしじま わたる）

広島大学環境安全センター教授・センター長。研究分野は、環境学、環境創成学、自然共生システム。水処理や循環型社会システムの技術開発、沿岸海域の環境管理・保全・再生技術開発などを調査・研究している。公益社団法人日本水環境学会会長、環境省中央環境審議会水環境部会瀬戸内海環境保全小委員会委員長。共著に『水環境の事典』（朝倉書店）など。

［スタッフ］
キャラクターデザイン／まじかる
イラスト／まじかる、大山瑞希、青山奈月貴、永田勝也
装丁・本文デザイン／大悟法淳一、大山真葵（ごぼうデザイン事務所）
地図製作／株式会社千秋社
校正／株式会社みね工房
編集協力／山内ススム
編集・制作／株式会社KANADEL

［取材・写真協力］
江戸川河川事務所／愛媛県宇和島市／大阪市建設局／沖縄県那覇市／株式会社朝日新聞社／
株式会社アフロ／株式会社西日本新聞社／株式会社毎日新聞社／株式会社共立理化学研究所／
川崎市上下水道局／静岡県富士市／積水化学工業株式会社／東急電鉄株式会社／東京地下鉄株式会社／
東京都小笠原村／東京都下水道局／日本マンホール蓋学会／ピクスタ株式会社／兵庫県姫路市／
広島県広島市／福井県越前市／福岡県小郡市／北海道函館市／三重県伊勢市／山形県東根市

水のひみつ大研究 2
使った水のゆくえを追え!

発行　2023年4月　第1刷

監修　　西嶋 渉
発行者　千葉 均
編集　　大久保美希
発行所　株式会社ポプラ社
　　　　〒102-8519　東京都千代田区麹町4-2-6
　　　　ホームページ　www.poplar.co.jp（ポプラ社）
　　　　kodomottolab.poplar.co.jp（こどもっとラボ）
印刷・製本　今井印刷株式会社

あそびをもっと、まなびをもっと。
こどもっとラボ

水のひみつ大研究

全5巻

監修 **西嶋 渉**

● 上水道、下水道のしくみから、水と環境の関わり、世界の水事情まで、水についていろいろな角度から学べます。

● イラストや写真をたくさん使い、見て楽しく、わかりやすいのが特長です。

1 **水道のしくみ**を探れ!

2 **使った水のゆくえ**を追え!

3 **水と環境**をみんなで守れ!

4 **水資源**を調査せよ!

5 **世界の水**の未来をつくれ!

小学校中学年から
A4変型判／各47ページ
N.D.C.518

♦テーマ わたしが流した排水のゆくえ

♦名前

♦下水道事業者

- -

♦自分の住んでいる家やマンションに
汚水ますや雨水ますがあるか探してみよう

見つけたものに☑を入れてどこにあったか書き入れよう

□ 汚水ます
_____

□ 雨水ます
_____

□ 公共汚水ます
_____

- -

♦下水処理施設や処理した水の放流先を調べよう

あてはまるところに☑を入れて名前を書き入れよう

下水処理施設

_____ 下水処理場

放流先

□ 川

_____ 川

□ 海

_____ 湾

コピーして使おう